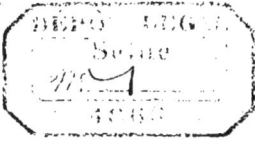

25 centimes

PETITE
ENCYCLOPÉDIE MAGNÉTIQUE
POUR TOUS

RECUEIL COMPLÉMENTAIRE DU

MAGNÉTISEUR UNIVERSEL

Rédigé par les mêmes écrivains

Directeur : FAUVELLE LE GALLOIS

Bureaux : rue J.-J.-Rousseau, 61, ancien 15 (ci-devant 3)

1er août 1868 — Voir les huit premières parties

SCIENCE — POUVOIR — MAGNÉTISME

—

L'on se demande : Qu'est-ce que le magnétisme ? (car il y a dans ce monde autant d'incrédules que d'ignorants à l'endroit de ce pouvoir merveilleux). Je vais essayer de répondre à cette question tant de fois formulée, avec un parti pris intérieurement de rester incroyant *quand même*.

Il y a beaucoup de personnes qui s'imaginent ainsi prouver qu'elles ont un esprit fort. — Moi, je dirai que c'est la preuve d'un esprit faible et mesquin.

Pourquoi ne pas se rendre à une vérité qui nous est démontrée ? Là est la sagesse. Plus incrédules que le fut saint Thomas, les hommes, en général, ne veulent même pas se rendre à des évidences presque palpables ; heureusement qu'il y a des exceptions qui, s'augmentant chaque jour, finissent par faire un monde de croyants, dirai-je de convertis, et voire d'élus.

Toute chose sur cette terre dont nous sommes les habitants, nous a été donnée par le créateur ; ceci posé, tout se tient dans la nature, depuis le moindre brin d'herbe jusqu'aux montagnes qui s'approchent du ciel; depuis l'insecte imperceptible jusqu'aux hommes de génie.

Briser un des chaînons de cette divine et invisible chaîne, c'est briser l'admirable harmonie du tout; aussi répéterai-je : tout est dans tout.

L'intelligence que Dieu a octroyée à l'homme, dans sa bonté suprême, nous vient de lui, comme notre âme immortelle. Malheur à qui en doute ! malheur à celui qui n'entend pas cette voix secrète lui révélant la vie future, et sa conscience lui disant : là est le bien, là est le mal ! Que le libre arbitre que t'a laissé le Seigneur te ramène toujours vers le côté droit du chemin que tu parcours.

La science n'est point infuse; quelques êtres privilégiés atteignent beaucoup plus vite et plus profondément les différentes sphères qui leur dévoilent des merveilles inconnues jusque-là.

Les aspirations qui nous envahissent alors, viennent d'en haut et nous font pressentir que tout ce qui est grand, noble, élevé, nous rapproche de l'infini; le pouvoir que nous conquérons, en soulevant peu à peu le voile, abaissé sur les choses terrestres et célestes, ce pouvoir émané de la science, des sciences, dirai-je mieux, et celui que grandissent chaque jour les découvertes qu'il a faites, voit s'ouvrir devant lui les pages admirables de l'inconnu, de cet inconnu qui lui saisit l'âme et la ravit presque, ainsi que le fut saint Paul.

Chaque jour voit l'horizon se reculer et briller de flammes divines et consolantes, chaque jour passé dans ces innombrables et magnifiques recherches, rend meilleur celui qui y consacre sa vie; il comprend sa mission sur terre. Dieu ne nous a pas mis sur ce globe uniquement pour y chercher les plaisirs frivoles et passagers; le travail nous ennoblit, et la charité, cette suave et divine vertu, nous fait regarder comme nos frères, le prochain aveugle, malade, affligé, et nous fait un bonheur du devoir que nous accomplissons en instruisant, éclairant, guérissant et consolant ceux dont les douleurs nous sont révélées.

Là est le but réel et adorable de cette vie que Dieu nous a donnée; l'égoïste qui use ses jours pour lui-même, trouve souvent son âme bien esseulée, mais le tourbillon creux l'emporte, et il ne voit, ne sent rien au delà du présent ; s'il osait sonder l'avenir, il aurait peur !

Toute science, tout pouvoir, toute puissance de faire le bien nous sont donnés et inspirés par l'Être suprême.

Le magnétisme avec lequel Jésus guérissait ses semblables en leur imposant les mains, a au moins dix-huit cent soixante-huit ans d'existence ; c'est la charité qui l'inspire, c'est la foi qui fait accomplir des miracles.

Croyez que vous êtes un des disciples du divin maître, veuillez soulager les malades, et vos succès vous épanouiront l'âme. C'est votre vie que vous insufflez, votre force que vous donnez, ne craignez rien, Dieu vous rendra des jours et des forces pour réparer ce que vous perdez !

Le magnétisme, selon moi, est aussi vieux que le monde, le magnétisme que chacun peut exercer sur toutes douleurs, et faire rayonner en effluves vitales, pour ranimer un être souffrant étiolé ; calmer l'épilepsie et faire marcher le paralytique ? Agissez, priez, et Dieu vous donnera force et puissance, le secret des cures merveilleuses est dans la prière et la foi ; que l'âme ayant puisé dans le ciel, elle en redescendra pure, noble et capable de ressusciter ; ainsi le furent Lazare et la fille de Jaïre, ainsi que celle d'un fontainier de la rue Saint-Gilles par la somnambule de M. Fauvelle Le Gallois, il y a quinze ans, et tant d'autres qu'il pourrait citer. De même que toute science, tout pouvoir en ce monde, il y a, malheureusement, un revers à cette médaille ensoleillée, les natures perverses peuvent faire beaucoup de mal.

Souvent aussi, le mal l'emporte sur le bien. Voyez le scalpel aux mains d'un chirurgien habile : une opération vous délivre d'un mal affreux ; aux mains d'un assassin, il donne la mort ! Ce don de la parole appelé l'éloquence, quand il s'échappe des lèvres d'un avocat noblement inspiré, il fait rendre justice aux innocents faussement accusés. Ce don de la parole, qui coule d'une bouche méchante, va répandre avec la calomnie un venin funeste dont les ravages sont incalculables.

C'est triste parce que c'est vrai.

Mais il est un cénacle où tous les discours tendent au bien ! Un homme, M. Fauvelle Le Gallois, qui, depuis vingt ans, ne s'est pas départi de sa sainte mission, donne sa vie, ses forces pour ranimer les agonisants, donne ce qu'il a et même ce qu'il n'a pas à des amis malheureux, et tout cela avec une foi et des élans de cœur admirables, prenant pour lui les fardeaux et les douleurs d'un monde qui n'en a pas toujours le sentiment, et dont il n'attend aucune reconnaissance, son âme s'étant désaltérée au Code de l'Évangile; aussi est-il surnommé le magnétiseur spiritualiste humanitaire.

Les déceptions, les ingratitudes, les noirceurs même, ne l'ont pu changer; il a poursuivi sa route, trop souvent blessé aux ronces qui la bordaient; il a béni le Seigneur du pouvoir saint dont il l'a investi, il a continué ses cures miraculeuses, et n'a jamais fermé son cœur aux cris de souffrance ou de détresse; aucuns ont voulu en faire un martyr, mais il s'est toujours relevé, noble, confiant et pardonnant à ses ennemis.

Qu'ainsi que lui chacun apporte sa pierre à cet édifice, sa croyance, ses forces, et nous aurons un temple d'amour, d'harmonie, où s'accompliront des merveilles; que chacun apporte ainsi qu'un grain de froment une parcelle de son savoir, et nous ensemencerons un champ qui, bientôt verdoyant, s'étendra sur la terre, nous en arracherons l'ivraie cruelle et malfaisante, et nous aurons mérité de nos frères et de Dieu!

Que chacun de nous poursuive cette belle voie, rendue lumineuse et douce par le fanal dont éclaire les chemins notre ami M. Fauvelle Le Gallois, et par son âme noble et sympathique qui répand de balsamiques effluves.

A notre tour, essayons de ranimer, guérir, consoler, en suivant l'exemple du directeur du *Magnétiscur universel*; que cette feuille, emportée par de bons vents, aille aux quatre points cardinaux du monde, pour que chacun, ayant compris, puisse aussi insuffler la vie aux malades! *Amen* !

O divines altitudes
Vers lesquelles nos yeux se voudraient élever!
O célestes béatitudes,
Comme il est doux de pouvoir vous rêver!
Malgré les ingratitudes,
Prions, prions que le ciel
Nous verse enfin l'urne au céleste miel!

ROBERT DES AULNES.

CHRONIQUE

—

Nous sommes au printemps d'une génération ardente et la sève progressive coule à longs flots dans les fibres du grand monde moral; tout reprend une forme nouvelle, et de nobles vieillards aspirent avec ivresse ces senteurs de jeunesse qui les font bondir et revivre à nouveau. Ces vieillards, jardiniers savants, découvrent hardiment les jeunes arbustes aux membres grêles et jettent un regard de mépris à l'hiver combattant la chaleur printanière. C'est la nature qui fait son œuvre. Qui donc oserait l'arrêter? Qui donc oserait arracher ces jeunes pousses vivaces et fouler aux pieds l'arbre producteur? Qui donc enfin oserait affamer la pensée? Mais tout se tient, tout s'enchaîne, et vous-même étant producteur de ce que vous voulez arracher, il faudrait donc vous arracher vous-même et anéantir tout germe créateur. *Vous pouvez tout sur mon corps, rien sur moi*, disait Épictète passant en jugement. Ne sommes-nous pas de même, et prétendez-vous par hasard, atomes du grand Tout, arrêter par vos calomnies et vos méchancetés, arrêter dans son cours le grand fleuve humanitaire? C'était déjà bien gentil d'avoir *arrêté le soleil!* Halte-là donc!

Brisez-nous, tuez-nous, bizarres monomanies qui voulez arrêter la pensée; vous produirez pour vous flageller des fils qui continueront l'œuvre ébauchée par les victimes de leurs aïeux. Tout doit donc arriver et tout arrivera, car la nature ne peut se détruire elle-même.

L'article paru dans *le Siècle* (1), *Paris somnambule*, est une preuve vivante de cette force engendrée du cerveau humain et que l'on pourrait appeler mouvement progressif. Rien ne peut résister à cela; il semble que la vérité ait une subtilité double et puisse à loisir vaincre tout obstacle. L'histoire du monde possède quelques-unes de ces crises terribles qui bouleversent l'humanité pour la rendre ensuite plus calme et plus reposée. Nous

(1) Nous reviendrons sur cet article tout en faveur du magnétisme émané de nos sentiments et l'affirmation de nos travaux accomplis; c'est-à-dire des travaux de vingt années du fondateur de cette feuille *(Siècle*, 24 avril et juillet 1868). **P. N.**

sommes à une de ces époques, tous nos philosophes le pressentent, et une oreille subtile peut entendre déjà le sourd murmure des gaz explosibles bouillonnant dans les cerveaux humains et menaçant d'éclater et de briser en son explosion fourberie, hypocrisie, calomnie, mensonge, égorgement, empoisonnement, etc., les machines différentes qui ont comprimé toutes ces têtes qui maintenant menacent de tuer les outils compresseurs.

Le fameux dîner de Sainte-Beuve, manifestation éclatante d'une âme sincère, peut lutter avantageusement avec le discours embrouillé de M. Jules Favre. Ne vaut-il pas mieux, en effet, faire ce que l'on dit comme l'a fait M. Sainte-Beuve, plutôt que de pousser à faire ce que l'on ne pense ni ne fait, comme l'a fait M. Jules Favre? L'homme peut changer à peu près soixante fois d'idées à la minute; c'est le défaut de bien des grands hommes. Aussi ne désespérons-nous pas de voir un jour M. Jules Favre grand inquisiteur.

Au moment du fameux procès intenté au magnétisme en 1853, soulevé par les vains mémoires d'Alexandre Dumas, qui a la manie de mettre tout à ses sauces, M. Le Gallois, qui, quoique n'étant pas en cause, avait été mêlé au procès par suite de l'attaque portée à Mme Fleurquin, sa somnambule, qu'il avait rattachée à la vie en la magnétisant, avait improvisé alors une carte au nom de cette dernière et sur laquelle étaient écrits ces mots signés par lui : « Jésus était un grand magnétiseur qui se magnétisait lui-même par la puissance de son esprit d'amour, de vérité et d'harmonie, etc., etc. » Cet homme est un blasphémateur, s'écriait alors M. Jules Favre au tribunal, défenseur de tous les prévenus, y compris Mme Fleurquin (1). Comment oser dire que Jésus était un magnéti-

(1) Comme chaque prévenu, Mme Fleurquin, elle qui soignait des malheureux pour rien, avait donné 50 fr. à M. des Essarts, le représentant de M. Jules Favre, pour qu'il n'y eût qu'un défenseur. Bien que n'ayant pas signé la carte poursuivie et n'ayant jamais fait d'annonces dont profitaient Marcillet, Alexis et d'autres somnambules, elle fut condamnée à cinq jours de prison, que M. Fauvelle Le Gallois fit tomber en huitième chambre, à l'aide du plaidoyer de Me Auguste Pouget, qui justifia l'existence du magnétisme et de tous les services rendus à une foule de malades, par Mme Fleurquin, ainsi qu'à un grand nombre de médecins, soit en diagnostic, soit en thérapeutique, pour lesquels tous s'empressèrent de rendre témoignage, ce qui fit qu'on acquitta tout le monde même Mme Thalbert, que,

seur! Il faut que l'homme qui a signé ces lignes soit condamné, etc., etc. Bref, M. Jules Favre était scandalisé. Que doit-il penser, grand Dieu! du dîner de Sainte-Beuve? Aussi attendons-nous d'un jour à l'autre l'amendement du grand orateur demandant la condamnation du respectable et vénérable défenseur de la libre pensée. Liberté philosophique, demande M. Jules Favre à l'Académie. Quelle ironie!

Nos confrères de la grande presse nous sont un peu ce qu'est M. Jules Favre à la génération nouvelle, plutôt un vieux mur qu'un ferme soutien. Demandez à *Figaro,* qui n'a pas manqué, sous la plume d'Édouard Lokroy, d'attaquer indirectement, comme l'a fait About faisant confusion, le magnétisme dans sa critique spirituelle sur le spiritisme de M. Bonnemère. Honneur donc au *Siècle* qui, le premier, semble mettre un peu de fermeté dans ses actes en tenant haut la critique sérieuse du progrès.

Demandez au premier journaliste venu (dit libéral) qu'est le magnétisme? Il vous rira au nez et répondra infailliblement une bêtise. Pourquoi? Parbleu! le malheureux ne sait même pas ce que c'est. Le premier devoir du journaliste devrait être pourtant de soutenir toute création nouvelle; mais non, quand une chose nouvelle paraît et qu'elle est bonne, elle est souvent peu riche, et alors vous comprenez, on aime bien mieux, comme notre confrère de Pène, passer pour sot pendant quelque temps et faire une annonce au décapité parlant ou aux Davenport; ça rapporte si bien. Quant aux idées grandes, généreuses, aux polémiques loyales, etc., ne cherchez pas cela dans la grande presse; vous y perdriez vos illusions, c'est un vrai labyrinthe qui n'aboutit à..... rien, si ce n'est de la boue. M. Georges Maillard dernièrement au *Figaro* se levait indigné, protestant et repoussant au nom de ses confrères et du sien le joug que certains hauts commerçants colleurs d'affiches, je crois, voulaient faire peser sur la presse. Je crois M. Maillard sincère,

faute d'argent, son premier avocat avait refusé de défendre. Il ne resta que 15 fr. d'amende qui aurait pu tomber devant la cassation: mais les importants d'alors ne crurent pas devoir faire cette dépense. C'est pourquoi M. Fauvelle Le Gallois a eu à soutenir seul, depuis quinze ans, sur ce terrain comme sur celui de la spiritomanie, toute l'honorabilité du magnétisme appuyée par ses travaux. A. L. G.

mais croit-il bonnement que sa voix a été entendue par tous? Je ne le crois pas. C'est triste à dire, mais coteries, méchancetés, calomnies, scandales, tel est le fond du sac de presque tous les journaux. Quelques irréguliers, comme Jules Vallès, sont seuls restés à leur poste; aussi leur ferme-t-on la porte au nez. Heureusement qu'ils se mettent dans leurs meubles, comme dit encore Vallès, sans cela où irions-nous?

M. Fauvety a une singulière manie; il s'amuse chaque jour à chercher des noms d'écoles philosophiques, puis à chaque découverte s'empresse de les insérer dans son journal. Ne croyez pas que ceci soit une plaisanterie, c'est la pure vérité. Lisez plutôt, autant d'écoles que d'hommes, il aime cela. Voici quelques grains de minerai trouvés dans ses mines :

« Le matérialisme, le positivisme religieux et le positivisme philosophique, l'indépendantisme, qu'on me pardonne ce barbarisme, il n'est pas de moi, le criticisme, l'idéalisme, le spiritualisme, *le spiritisme, car il faut compter avec ce nouveau venu* (sans compter M. Home, le capteur d'héritages); et d'une autre, le protestantisme libéral, l'idéalisme libéral, et même le catholicisme libéral; tels sont les noms des principales bannières, etc., etc. »

J'en passe et des plus mauvais; encore auriez-vous dû dire, M. Fauvety : Pourquoi cet amas de philosophies? Mais si l'on voulait il y en a à remuer au boisseau des philosophies dans le genre de certaines nommées par vous. Séparez donc le monde en matérialistes et en spiritualistes, c'est déjà bien assez! et ne bourrez pas la tête de vos chers abonnés d'écoles qui n'existent que fictivement et qui sont représentées plus fictivement encore, si c'est possible.

Nous avons eu ici le malheur de dire : le spiritisme est mort. Dieu, quelle faute! — *Car il faut compter avec ce nouveau venu qui a plus d'idiots à lui seul que tous les autres ensemble.* — Ouf! M. Fauvety a du cœur et de l'esprit, il est sans doute monomane, voilà tout.

Pourquoi prend-il l'ombre pour la lumière, le stras pour le diamant, alors même que notre feuille s'efforce, au milieu des plus grands sacrifices personnels, de lui en révéler la différence? M. Fauvety était mieux inspiré alors que synthétisant tous les systèmes émis dans *la Revue religieuse et philosophique* (fondée par lui), il disait, dans son chant du *Cygne*, son dernier article, que l'avenir serait peut-être tout occupé à combattre sur le terrain du magnétisme, et lui laissait entrevoir une grande victoire. Nous croyons qu'il voyait juste alors ; mais pourquoi, depuis, n'a-t-il vu cette grande loi que par son côté fantaisiste, hallucination, fiction, spiritiste, magie noire et blanche, à tous les degrés plus ou moins Eliphas Lévis ? Lui si chercheur et si savant, ignore-t-il encore les ouvrages suivants : *Esquisses d'une philosophie du magnétisme*, par le baron Du Potet, dont nous lui révélerons l'origine ; *la Clé de la vie*, par Michel de Fygamière (le Proudhon astronomique) ; *le Sensitif*, par le baron d'Anspach, etc., etc., et *la Bibliographie magnétique* de M. Dureau, rédacteur, et seul soutien, depuis plus de quinze ans, de *l'Union magnétique*, Société qui ne vit plus que par son journal.

Pourquoi ne dites-vous pas à vos lecteurs assez heureux pour mettre la main sur une école nouvelle de vous envoyer *franco* le nom de cette école, afin de l'insérer dans votre prochain numéro, sans vous inquiéter si cette école existe ou n'existe pas ?

Si vous avez, comme je l'ai dit et comme je le crois, du cœur et de l'esprit, essayez donc au moins, à force d'esprit, de mettre plus à jour votre solidarité, qui sans doute ne veut pas voir clair et se cogne.

Il faut que la lumière se fasse, et ce n'est pas en compilant et faisant battre les écoles philosophiques que vous arriverez au but proposé. Une seule chose est à combattre, c'est *cette épée dont la poignée est à Rome et la pointe partout*, comme vous l'avez si bien dit. Laissez donc le spiritisme et autre, et soyez encore logique.

Savez-vous, chers lecteurs, ce qu'est le *spiritisme*, affublé par M. Fauvety du nom d'école philosophique ? Je vais vous le dire en deux mots : c'est un fou déguisé en revenant et qui voudrait prendre son rôle au sérieux.

Un de mes bons amis un peu confident, par anticipation, du sire Allan-Kardec, m'a dit avoir entendu le monologue suivant dans la bouche de ce dernier.

Allan-Kardec parlant (pas avec un esprit, avec le sien, entendons-nous).

« Depuis plusieurs années mes paroles et mes livres, mes chapeaux et mes esprits surtout, ont fait une foule de croyants, c'est vrai, on l'a dit, mais, ô douleur !

martyrs de leurs bons sentiments, ils mugissent tous
dans de grandes maisons que le monde méchant appelle
des maisons de fous. Voyons, Allan-Kardec, mon ami,
avoue toi-même que tu as été trop loin. Après tout, que
diable! je leur dis de faire tourner les tables, et c'est
leur tête qui tourne. (*Un sanglot.*) Tous, tous à Charenton, un vide affreux autour de moi! Le grand-prêtre
Home passe en jugement pour escroquerie, une misère,
quoi! un petit vol de 600,000 fr. Ouf! les esprits sont
bien bas dans l'opinion publique. Que faire, grand
Dieu! que faire? (*Avec un sourire.*) Ah! j'y suis. Eureka!
Voyons, certains de mes adeptes oubliés sur la voie publique par l'autorité charitable peuvent faire encore un
joli noyau de fanatiques. J'ai bien fait tourner leurs chapeaux sur leurs têtes, je puis bien encore me permettre
de les dépouiller et de les revêtir d'une peau nouvelle
extorquée (toujours mon premier système) dans le champ
du spiritualisme. Allons, tables et têtes ne peuvent plus
tourner, faisons tourner les âmes (*ne lisez pas les ânes*),
et fondons une petite école demi-jésuitique ayant un pied
dans la sacristie, puis un pied à Charenton, *comme toujours.*
Abrutissons, abrutissons, puis dans certains moments,
à des récalcitrants, par exemple, fourrons-leur encore
sous le nez mes bons esprits que je ne veux pas laisser
rouiller. Plantons un drapeau, et donnons-nous des airs.
Je serai peut-être seul; mais, bah! n'ai-je pas les sacris-
tains et les leurs? Cela suffira pour faire vendre nos
livres. »

Voilà, chers lecteurs, un échantillon du spiritisme de
nos jours, c'est-à-dire : une vieille ferraille qui fait plus de
bruit qu'elle ne vaut, et M. Fauvety la place au premier
rang. Ceci nous donnerait presque à supposer que lui ou
M. Raisan ont regardé fixement M. Allan-Kardec pendant
cinq minutes, et que leur tête commence à tourner.
Espérons que cela n'est rien, et finissons-en avec toutes
ces sectes, cailloux boueux qui blessent et peuvent faire
glisser celui qui veut marcher droit quand il n'est pas
ferré à glace, comme mon cher rédacteur en chef qui
aura bientôt une victoire de plus, que vous le veuilliez
ou non, comme l'affirme déjà le Dictionnaire de Maurice
Lachâtre, qui, lui aussi, eut un moment sa croyance au
spiritisme, qui n'est que l'A B C D (une fioriture) des
grandes lois magnétiques.   P. Nolet.

OPINION DE VICTOR HUGO SUR QUELQUES PHÉNOMÈNES PSYCHOLOGIQUES

LE RESSUSCITÉ

Dans le courant de l'année dernière, notre grand poëte Victor Hugo fit un voyage en Hollande, et il n'est pas besoin de dire qu'il reçut un accueil triomphal dans toutes les villes qu'il visita. Il s'arrêta quelques jours à Zcericsée, jolie ville de Zélande, le seul morceau de la Hollande qui n'ait pas produit de peintre. Le seul grand homme du pays est l'amiral Ruyter, né à Middelbourg, où l'on conserve comme une relique la roue de bois à laquelle travaillait l'illustre marin lorsqu'il était garçon cordier à Flessingue, chez les commerçants Lampsins et Kroeft.

A son entrée dans cette ville, aux maisons hispano-flamandes, Victor Hugo fut entouré par une foule bruyante d'hommes, de femmes et d'enfants. Descendu de voiture et escorté des autorités de la ville, il s'avançait l'air ému, le front découvert, avec deux bouquets dans les mains et deux petites filles en robes blanches à ses côtés. C'étaient les deux petites filles qui venaient de lui offrir les deux bouquets.

Que dites-vous par ces temps d'ovations de toutes sortes, de cette entrée spontanément triomphale d'un homme universellement populaire qui arrive à l'improviste dans un pays perdu, dont il ne soupçonnait pas même l'existence, et qui s'y trouve tout naturellement dans ses États? Qui eût pu faire prévoir au poëte que cette petite ville inconnue, dont il avait considéré de loin la silhouette, était sa bonne ville de Zcericsée?

Au dîner, le capitaine Van Maenen dit à Victor Hugo :

— Savez-vous quelles sont ces deux jolies petites filles qui vous ont offert un bouquet?

— Non.

— Ce sont les filles d'un revenant.

Ceci demandait une explication, et le capitaine raconta à ses convives l'aventure étrange que voici :

Il y avait environ un mois de cela. Un soir, au crépuscule, une voiture où étaient un homme et un petit garçon, rentrait en ville. Il faut dire que cet homme avait peu de temps auparavant perdu sa femme et un de ses enfants, et en était demeuré bien triste. Quoiqu'il eût encore avec lui deux petites filles et le garçon qu'il avait en ce moment avec lui, il ne s'était point consolé et il vivait dans une profonde mélancolie.

Ce soir-là sa voiture suivit une de ces chaussées élevées et abruptes qui sont à droite et à gauche bordées d'un fossé d'eau stagnante et souvent profonde. Soudain le cheval, mal dirigé sans doute à travers la brume du soir, perdit brusquement l'équilibre et roula du haut du talus dans le fossé, entraînant avec lui la voiture, l'homme et l'enfant.

Il y eut dans ce groupe d'êtres précipités un moment d'angoisse affreuse, dont personne ne fut témoin, et un effort obscur et désespéré vers le salut. Mais l'engloutissement se fit avec le pêle-mêle de la chute, et tout disparut dans le cloaque qui se referma avec l'épaisse lenteur de la boue.

L'enfant, seul, resté comme par miracle hors du fossé, criait et appelait lamentablement en agitant ses petits bras. Trois paysans, qui traversaient à quelque distance de là un champ de garance, entendirent ses gémissements et accoururent. Ils retirèrent l'enfant.

L'enfant criait : Mon papa ! mon papa ! je veux mon papa !...

— Et où est-il donc ton papa ?

— Là, disait l'enfant en montrant le fossé.

Les trois paysans comprirent et se mirent à la besogne. Au bout d'un quart d'heure, ils retirèrent la voiture brisée, au bout d'une demi-heure ils retirèrent le cheval mort. Le petit criait toujours et demandait son père.

Enfin, après de nouveaux efforts, dans le même trou du fossé que la voiture et le cheval, ils repêchèrent et amenèrent hors de l'eau quelque chose d'inerte et de fétide qui était entièrement noir et couvert de fange : c'était un cadavre, celui du père.

Tout ceci avait pris une heure environ. Le désespoir de l'enfant redoublait; il ne voulait pas que son père fût mort. Les paysans le croyaient bien mort pourtant; mais comme l'enfant les suppliait et s'attachait à eux, et qu'ils étaient de braves gens, ils tentèrent, pour calmer le petit, ce qu'on fait toujours en pareil cas dans le pays, et se mirent à rouler le noyé dans un champ de garance.

Ils le roulèrent ainsi un bon quart d'heure. Rien ne bougea. Ils le roulèrent encore. Même immobilité. Le petit suivait et pleurait. Ils recommencèrent une troisième fois, et ils allaient y renoncer pour tout de bon, lorsqu'il leur sembla que le cadavre remuait un bras. Ils continuèrent, l'autre bras s'agita. Ils s'acharnèrent, le corps entier donna de vagues signes de vie, et le mort se mit à ressusciter lentement.

Cela est extraordinaire, n'est-ce pas ? Eh bien ! voici qui est plus surprenant encore : l'homme soupira longuement en revenant à la vie et s'écria avec désespoir : — Ah ! mon Dieu ! qu'est-ce que vous avez fait ? J'étais si bien là où j'étais. J'étais avec ma femme et avec mon fils. Ils étaient venus à moi et moi à eux. Je les voyais, j'étais dans le ciel, j'étais dans la lumière. Ah ! mon Dieu ! qu'est-ce que vous avez fait ? Je ne suis plus mort...

L'homme qui parlait ainsi avait passé une heure dans la fange. Il avait le bras cassé et des contusions graves.

On le ramena à la ville, et il vient seulement de guérir, ajouta le capitaine en achevant de nous raconter cette histoire. C'est M. D..., une des plus hautes intelligences non-seulement de la Zélande, mais de la Hollande. C'est un de nos meilleurs avocats. Tout le monde l'estime et l'honore ici. Quand il a su, monsieur Victor Hugo, que vous alliez passer par la ville, il a voulu absolument se lever de son lit qu'il n'avait pas quitté depuis un mois, et il a fait aujourd'hui sa première sortie pour aller au devant de vous et vous présenter ses deux petites filles à qui il avait donné pour vous des bouquets.

Il n'y eut qu'un cri d'admiration par toute la table.

— Ce sont là des choses qui ne se passent qu'en Zélande. Les voyageurs n'y viennent pas, mais les habitants y reviennent.

— On aurait dû l'inviter à dîner, hasarda la partie féminine de la table.

— L'inviter ! m'écriai-je, mais nous étions déjà douze ! Ce n'était pas précisément le moment d'inviter un fantôme. Aimeriez-vous mieux, mesdames, avoir un mort pour treizième ?

Le capitaine, comme on voit, était superstitieux.

— Il y a, dit Victor Hugo, qui était resté silencieux, deux énigmes dans cette histoire, l'énigme du corps et celle de l'âme. Je ne me charge pas d'expliquer la première ni de dire comment il se peut qu'un homme reste englouti une grande heure dans un cloaque, sans que la

mort s'ensuive. L'asphyxie, il faut le croire, est un phénomène encore mal connu. Mais ce que je comprends admirablement, c'est la lamentation de cette âme. Quoi! elle
était déjà sortie de la vie terrestre, de cette ombre, de ce
corps souillé, de ces lèvres noires, de ce fossé noir! Elle
avait commencé l'évasion charmante. A travers la boue,
elle était arrivée à la surface du cloaque, là, à peine atta-
chée encore par la dernière plume de son aile à cet hor-
rible dernier soupir étranglé de fange, elle respirait déjà
silencieusement le frais ineffable du dehors de la vie. Elle
pouvait déjà voleter jusqu'à ses amours perdus et attein-
dre la femme et se soulever jusqu'à l'enfant. Tout à coup
la demi-évadée frissonne, elle sent que le lien terrestre,
au lieu de se rompre tout à fait, se renoue sous elle, et
qu'au lieu de monter dans la lumière, elle redescend brusquement dans la nuit, et qu'elle, l'âme, on la fait violem-
ment rentrer au cadavre. Alors elle pousse un cri ter-
rible.

Ce qui résulte de ceci pour moi, ajouta Victor Hugo,
c'est que l'âme peut rester un certain temps au-dessus du
corps à l'état flottant, n'étant déjà plus prisonnière et
n'étant point encore délivrée. Cet état flottant, c'est l'ago-
nie, c'est la léthargie. Le râle, c'est l'âme qui s'élance
hors de la bouche ouverte et qui y retombe par instants, et
qui secoue haletante jusqu'à ce qu'il se brise le fil vapo-
reux du dernier souffle. Il me semble que je la vois. Elle
lutte, elle s'échappe à demi des lèvres, elle y rentre, elle
s'échappe de nouveau, puis elle donne un grand coup
d'aile, et la voilà qui s'envole d'un trait et qui disparaît
dans l'immense azur. Elle est libre. Mais quelquefois
aussi le mourant revient à la vie; alors l'âme désespérée
revient au mourant. Le rêve nous donne parfois la sen-
sation de ces étranges allées et venues de la prisonnière.
Les rêves, ce sont les quelques pas quotidiens de l'âme
hors de nous. Jusqu'à ce qu'elle ait fini son temps dans
le corps, l'âme fait dans son sommeil le tour de préau du
songe.

Fauvelle Le Gallois.

ACROSTICHE DU MOT JEUDI

Jour des réunions de M. Le Gallois.

J upiter, roi des cieux, a doté ce beau jour,
E t, du haut de l'Olympe, il lui donne puissance ;
U ne force, qui vient du lumineux séjour,
D oit répandre sur lui le rayon d'espérance ;
I l faut croire, et de Dieu vous viendra l'assistance.

ROBERT DES AULNES.

LE POURQUOI DES SOIRÉES DU JEUDI

Giove, Giovedi, Jupiter, d'où vient Jeudi, c'est donc sous l'astre puissant qui préside à ce jour, que notre ami M. Fauvelle Le Gallois a institué ses réunions; ce jour a et doit avoir une influence forte, puissante et salutaire; la fable qui nous parle du grand Jupiter ne veut exprimer autre chose que la majesté de la divinité, qui doit protéger ceux qui l'implorent et s'abritent sous son grand nom.

Lunedi, lundi, le jour de la lune, eût été trop pâle, et cet astre est trop capricieux pour qu'on s'y fie ; Mercolédi, Mercure, est le dieu des arts, du commerce, mais aussi des voleurs, c'eût été scabreux !

Vénerdi, vendredi, jour de Vénus, eût peut-être enfanté trop d'amoureuses passions, dont les effluves eussent pu troubler la mission pure du magnétisme.

Sabbato, samedi, jour de Saturne, qui a mangé ses enfants, et d'où est venu le mot sabbat, danse nocturne des sorcières, n'eût pas convenu à la sainteté, au sérieux de ses réunions scientifiques.

Domenûca, dimanche, jour du Seigneur, où les fidèles vont l'adorer sur la montagne ou dans son temple, et se reposer ensuite des fatigues de toute une semaine; fatigues intellectuelles ou matérielles, l'homme a toujours besoin de se reposer.

Donc le jeudi est admirablement choisi par le fondateur du Banquet spiritualiste et universel de la Pentecôte magnétique, et je suis convaincu que l'astre de Jupiter inspire les paroles qui se croisent pour éclairer, donne la force au savant magnétiseur de guérir ses malades, donne la foi et la lucidité à ses deux merveilleuses somnambules et le charme inattendu, nouveau, qui se répand, ainsi qu'un parfum, dans les soirées de M. Fauvelle Le Gallois; c'est ce que pense son ami

ROBERT DES AULNES.

LES TROIS ÉPOQUES

OU RAPPROCHEMENT HISTORIQUE DES FORCES PAIENNES, CHRÉTIENNES OU MAGNÉTIQUES (1).

Jadis le nom d'Auguste, en la païenne Rome,
Fut immortalisé par les actes d'un homme,
Qui d'un sanglant passé rachetant les exploits,
Dans Rome fit régner de plus paisibles lois;
Remplaça, d'un effort de sa main souveraine,
Lépide par Horace, Antoine par Mécène;
Glorifia les arts par sa protection;
Détruisit et la guerre et la proscription;
Et sut après une ère et de sang et de boue
Mériter les accords du chantre de Mantoue.
Auguste aux yeux de tous résume avec splendeur
De l'univers païen la gloire et la grandeur.
Dans le chaos du temps son siècle est comme un phare
Entre le monde antique et le monde barbare,
Qui prenant ses clartés au fond de l'Orient,
Reflète dans l'histoire un jour pur et brillant.
En effet, c'est l'Égypte et l'immortelle Grèce
Qui léguèrent à Rome, arts, culte, honneur, richesse,
C'est Socrate, Alexandre, Aristide, Platon,
Dont la gloire inspira les César, les Caton :
Tant il est vrai qu'il est une invisible chaîne
Qui relie ici bas la destinée humaine,
Et qu'à travers les temps l'âme des nations
Palpite et fait grandir les générations!
Auguste meurt. Tandis que sous son règne illustre
L'ancien monde a brillé d'un grand et dernier lustre,

(1) Vers dédiés à M. Auguste Le Gallois, professeur de magnétisme, à l'occasion de la Saint-Augustin et lus, par l'auteur, au Banquet universel de la Pentecôte magnétique en 1868, et plusieurs fois depuis dans nos réunions et soirées magnétiques du jeudi, toujours avec un nouveau succès, par Mme Abel, qui en a fait ressortir toutes les beautés et l'élévation des idées! (Voir notre édition in-4°, n° 18.)

Une société nouvelle a pu surgir,
Fondée avec les pleurs et le sang du martyr
Qui relevant son front dans la Ville éternelle,
Va croître, triompher et grandir avec elle.
La bannière est levée, et sa large action
Veut dire amour, progrès, civilisation.
Profond prodige ! aux lieux où le brillant Virgile
Célébrait les faux dieux va régner l'Évangile,
Dont la morale pure, écrasant tous ces dieux,
Consolera le pauvre en lui montrant les cieux.
Puis un nouvel Auguste ou plutôt un grand homme,
Le pieux Augustin sapant la vieille Rome,
Renonçant aux plaisirs, aux vices, à l'erreur,
Des ennemis du Christ deviendra la terreur,
Et flambeau rayonnant du dogme évangélique,
Ira porter la foi dans le fond de l'Afrique.
Honneur donc à celui, quelle que soit sa foi,
Qui marche avec l'ardeur de la donner pour loi
Et qui portant au front un glorieux symbole,
L'impose par l'écrit, le geste ou la parole !
Honneur à vous, Auguste, appui d'un art nouveau
Qui nous a démontré le pouvoir du cerveau,
Par qui la volonté s'infiltrant dans le fluide,
Saisit le corps, l'étreint dans son courant rapide,
Et lui donne à la fois et repos et sommeil,
Et crise et léthargie et bienfaisant réveil !
Le magnétisme est donc, et sa magnificence
Constitue une vraie et sublime science !
Mais combien faudra-t-il de temps, ô justes cieux !
Pour que de nos hibous nous dessillons les yeux ?
Pour que nous détruisions et bourreaux et potence
Qui depuis deux mille ans prodiguent la souffrance
A ceux dont le génie éclaira la raison,
A ceux que Dieu marqua d'un immortel rayon ?
Mon accusation est juste autant qu'amère.
Regardez ! Palissy lutte avec la misère ;
Le Tasse expire fou dans un sombre cachot ;
Galilée est contraint de nier un grand mot ;
Camoëns, après avoir chanté *la Luisiade*,
Dans Lisbonne mendie aveugle ; obscur, malade ;
On brûle Jeanne d'Arc, découvrant la vapeur
De Causs va dans Bicêtre expier son erreur ;
Pour nos savants Fulton, à coup sûr déraisonne,

Et Jacquart est bien près de périr dans le Rhône !
Voilà de bien des torts l'énumération,
Mais je passe l'Espagne et l'Inquisition.
Or donc vous lutterez comme ont lutté ces hommes
Dont le génie hardi nous fit ce que nous sommes,
Riches d'un beau passé de chefs-d'œuvre divers
Qui nous a sacrés rois de ce vaste univers.
Vous lutterez encor comme luttait Auguste,
Quand il voulait asseoir un règne fort et juste ;
Comme longtemps après luttait saint Augustin
Pour convertir au Christ le sauvage Africain.
Au nom de vos patrons votre regard s'enflamme ;
Auguste, avec leur nom vous reçûtes leur âme,
Et vous rêvez déjà le dernier mot profond
D'un art qui nous étonne autant qu'il nous confond ;
Du magnétisme enfin, effrayant phénomène,
Entre l'homme et son Dieu mystérieuse chaîne,
Qui captive les sens, agrandit la raison,
Et découvre au vieux monde un nouvel horizon.
Mais que dirai-je encor ? Le maître est là... Silence !
Lui seul a droit d'ouvrir l'arche de la science ;
Lui seul peut en montrer la cause, les effets,
La marche, la raison, les abus, les progrès ;
Et praticien croyant, puissant en théorie,
Servir l'humanité, le Christ et la patrie !
Ah ! qu'un pieux amour soit la suprême loi
Qu'il impose à ce siècle et égoïste et sans foi !
Pour moi, tout consterné, je me tais et j'admire
La sibylle inspirée et le Dieu qui l'inspire !
Auguste, gloire à vous, à l'électricité,
Et que partout son vol porte la vérité !

M. VALETTE.

28 août 1855.

A M. LÉON BIENVENU

Dernièrement, un numéro du *Charivari* noùs tomba
sous la main, et nous y lûmes ces lignes :

ÉPHÉMÉRIDES — 5 mars 1815

MORT DE MESMER

Mesmer fut le premier qui prétendit guérir les malades par la
simple apposition des mains.

Ému du bruit qui se faisait autour du Magnétiseur, le gouvernement nomma une commission de savants chargée d'examiner son système.

La commission déclara, à l'unanimité, que le traitement pratiqué par Mesmer était en effet souverain... pour transformer les malades en épileptiques ou en toqués.

Son œuvre a été continuée par le zouave Jacob.

LÉON BIÉNVENU.

Voltaire fait dire à Candide : — « Est-il vrai qu'on rit toujours à Paris ? — Oui, lui est-il répondu, mais c'est en enrageant ; car on s'y plaint de tout avec de grands éclats de rire ; même on y fait en riant les actions les plus détestables. » Les temps ne sont pas changés depuis Voltaire, et de nos jours on eût répondu de même à la question de Candide ; les quelques lignes citées plus haut en font preuve. Combien Voltaire, ce grand maître en satire, était supérieur à tous ces plagiaires qui prétendent continuer son œuvre ! et comme il méprisait cet excès de calomnie que les critiques de nos jours ont confondu avec la saine critique !

« Quel est donc, dit encore Candide, ce gros cochon qui me disait tant de mal de la pièce où j'ai tant pleuré et des acteurs qui m'ont fait tant plaisir ? — C'est, répond Voltaire, un mal vivant, qui gagne sa vie à dire du mal de toutes les pièces et de tous les livres ; il hait quiconque réussit, comme les eunuques haïssent les jouissants ; c'est un des serpents de la littérature qui se nourrissent de fange et de venin ; c'est un folliculaire. »

Loin de moi l'idée d'établir une comparaison entre cet être dégradant décrit par Voltaire et M. Léon Bienvenu, qui, peut-être, a écrit son article pressé par le besoin, l'imprimerie l'attendant. Mais cependant qu'il prenne garde et qu'il songe au mal que peuvent faire quelques lignes mal rédigées signées par un nom connu, car M. Bienvenu ne calomnie pas qu'un mort, mais il dénature encore l'historique de la vie de ce mort ; serait-il, par hasard, un des ennemis du bien ? Qui sait, tout le fait supposer ! Critiquez, si vous voulez, la science de cet homme, mais au moins n'attaquez pas l'homme en lui prêtant l'intention de faire du genre humain une grande maison de fous. Savez-vous bien, Monsieur, qu'il vaudrait mieux voir le genre humain *fou*, que profondément abruti, et si tout le monde jugeait comme l'ont fait, après vous, MM. Arnaud et E. About (1) et comme on le fait trop souvent, sans voir, par imitation panurgienne ou par suffisance et parti pris, où irions-nous ! où irions-nous, grand Dieu !

La première chose à respecter est sans contredit la science, et pour la critiquer faut-il au moins la connaître. Comme le *magnétisme* est une science, pour le juger il faut donc également le connaître, ce qui me semble fort douteux chez vous, monsieur Bienvenü; aussi n'est-ce plutôt que pour la rectification historique du fait que nous relevons ces lignes, car nous espérons qu'aucune mauvaise pensée n'a dicté l'éphéméride qui peut-être a passé inaperçue.

Nous attendons de votre courtoisie l'insertion des lignes qui vont suivre et qui sont la rectification historique de l'œuvre de Mesmer.

Quand on nomma la commission pour examiner l'œuvre mesmérienne, Mesmer possédait déjà le suffrage des hommes les plus distingués de France et de l'Académie, et loin d'être défavorable, le rapport de l'Académie constata au contraire plus de cent et quelques cures faites par *le magnétisme*.

Malheureusement l'Académie de Vienne, qui déjà s'était émue des progrès de Mesmer (lui-même médecin allemand), écrivit à celle de Paris, l'engageant à éloigner de son sein celui qui devait renverser médecins et surtout médecines. Comme de nos jours les hommes de cœur étaient en petit nombre à l'Académie, et quoique ayant pour soutien l'élite des académiciens, Mesmer échoua et fut repoussé; le secrétaire de l'Académie, à cette nouvelle, préféra donner sa démission, plutôt que d'abjurer *le magnétisme*. La Révolution survint, et *le magnétisme* en resta là pour un temps. Depuis, aucune tentative sérieuse n'a été faite officiellement; les temps ne sont pas encore venus où l'on peut faire librement du bien (2)! M. Mialle, il y a quarante ans, a fait un important ouvrage dans lequel sont relatées les cures faites du temps de Mesmer; ce beau et gros livre, épuisé chez Baillière

(1) Dans *l'Opinion nationale,* quand ils ont confondu le magnétisme avec les frères Davenport. Voir notre réponse : *Hallucination et Fiction spiritistes,* 3e partie, in-8, du *Magnétiseur universel.*
(2) Voir *Esquisse de philosophie du magnétisme,* par le baron Du Potet.

depuis plus de vingt ans, est encore redevenu manuscrit. Quand il paraîtra, nous vous engageons, Monsieur, à jeter les yeux dessus, ainsi que M. Edmond About, pour son édification et celle de la jeune presse passablement ignorante, superficielle et moutonnière?

Voilà la version réelle; si vous ne la reproduisez pas, monsieur Bienvenu, ma foi, mon Dieu, tant pis! La rectification est faite, c'était le but.

Puisque j'ai affaire à un rieur, terminons par une anecdote plus gaie que tout cela.

Un jour le fameux docteur R... rencontra le docteur D... après quelques mois d'absence.

— Eh bien! comment ça va-t-il, dit D. à R.?

— Parfaitement, dit le docteur R.; mais, mon cher, je fais des cures magnifiques, splendides; je rends la vie aux étiolés, la vue aux aveugles, l'ouïe aux sourds, la marche aux goutteux et aux paralytiques!

— Mais comment?

— Par le magnétisme, parbleu!

— Oh! oh! dit D., crois-tu que je ne sache pas aussi bien que toi tout le bien qu'on peut faire par le magnétisme? Mais, mon cher, dis-moi donc combien gagnes-tu, bon an, mal an?

— 30 à 4.000 francs à peu près.

— Eh bien! lui fut-il répondu, si tu fais encore du *magnétisme,* l'année prochaine tu gagneras 20.000 fr., dans deux ans 10,000 fr. et dans trois ans 5,000 fr. Va, continue, fais du magnétisme.

Le docteur R. a beaucoup songé à cette réponse; il n'a pas pour cela renié sa croyance au magnétisme, mais il a souvent magnétisé en secret. Et sa renommée a été toujours en grandissant, sans faire de tort à ses intérêts, non plus qu'à l'Académie de médecine dont il était devenu un des membres les plus influents avant de mourir. Comme on le voit, M. D. faisait passer, comme beaucoup de ses confrères, la question d'intérêt avant celle des principes et de l'humanité.

NOLET.

COMPTE RENDU DES BANQUETS DE MESMER

—

Plusieurs journaux (ainsi que notre dernier numéro du *Magnétiseur universel*), *l'Opinion nationale*, *la Liberté*, *le Courrier français*, *le Siècle*, même le petit et le grand *Figaro*, etc., ayant annoncé huit et quinze jours à l'avance nos Banquets de Mesmer et de la Pentecôte magnétique dit des agapes universelles, nous croyons être agréables à nos lecteurs en leur donnant par les citations et les témoignages de sympathie qui suivent une idée de ces solennités composées de perso nnes d'élite appartenant à tous les milieux de la société.

De la sorte, on pourra juger de l'importance de nos travaux si péniblement commencés, il y a vingt ans, et continués à travers tant de luttes périlleuses, et devenus aujourd'hui si brillants, si sympathiques, pour ne pas dire si universellement acclamés et respectés et même glorifiés, tant leur utilité et leurs salutaires bienfaits ont été reconnus par toutes les intelligences et toutes les classes de la France et de l'étranger, médecins, avocats et professeurs de Paris et de New-York, depuis longtemps du reste abonnés au *Magnétiseur universel*, dont ils ont secondé et secondent toujours la propagation.

A. L. G.

On lit dans *le Courrier français* du mercredi 27 mai 1868, les lignes suivantes sur le Banquet mesmérien, présidé depuis deux ans par le professeur Fauvelle Le Gallois :

« La division est dans le camp de Mesmer, et le 23 courant, anniversaire de la naissance de ce docteur fameux, au lieu d'un seul Banquet de magnétiseurs, comme l'année dernière, nous en avons eu deux. Les deux réunions étaient d'ailleurs brillantes et également composées de disciples convaincus. D'où vient donc que magnétiseurs et magnétiseurs ne peuvent s'entendre et rompre le pain ensemble (1)?

(1) C'est que là surtout il y a les plus que matérialistes et les vrais spiritualistes humanitaires qui, comme nous depuis vingt ans, ont fait leurs preuves, sans parler des spiritomanes qui sont la folle ivraie des uns et des autres. N'en déplaise à M. Lafontaine, qui insère encore dans son journal de Genève leurs fantasmagories de mains froides, etc., tout en protestant contre eux.   A. L. G.

« De part et d'autre on a bu à l'œuvre de Mesmer, le maître accepté. Dans l'un des deux banquets, M. Fauvelle Le Gallois, un apôtre fervent, s'est fait remarquer par la chaleur de ses convictions. M. Maurice Valette, rédacteur de *l'Union nationale*, a provoqué une sortie contre les spirites et a été vivement appuyé par M. Eugène Moret qui, répondant à un toast à la presse porté par un groupe de compositeurs de *la Liberté*, a combattu certaines idées spiritualistes exposées par le docteur Pinel de Golleville et s'est déclaré en même temps que le partisan du magnétisme, l'ennemi juré de l'esprit d'intolérance.

« Ici et là on s'est séparé après force discours, en émettant l'espoir que l'année prochaine toute désunion aurait cessé et qu'il n'y aurait plus en l'honneur de Mesmer qu'un Banquet unique auquel seraient conviés tous les adeptes du magnétisme. » — Ch. Dacosta.

BANQUET DE LA PENTECOTE

Institué par M. Fauvelle Le Gallois.

On a vu de tout temps les penseurs dominer les masses. De même qu'un hercule peut attirer à lui la foule des faibles, le prophète, c'est-à-dire celui qui voit loin, qui voit juste et dont la pensée est forte, peut entraîner des populations et léguer au monde des préceptes qui vivront des siècles, qui vivront toujours.

Au commencement du Banquet, M. Le Gallois a rappelé ces paroles de Jésus-Christ : Partout où vous serez plusieurs en mon nom, je serai parmi vous. Et de ces paroles il a tiré ce sens magnétique que plusieurs intelligences en s'unissant arrivent à de grands résultats de lucidité.

Des rayons qui, dispersés, se perdraient inaperçus, réunis, forment un foyer. Les grandes intelligences seraient-elles de grands centres d'absorption qui, après avoir attiré les idées disséminées, les condenseraient et les feraient rayonner sur le monde ?

En ce moment nous cherchons la lumière. Il la faut éblouissante, car nous sommes dans une grande ombre. Déjà quelques lueurs apparaissent. Au Banquet magnétique de l'année dernière, sauf quelques philosophes internés, Mme Jobey de Ligny, M. Bic, de *la Liberté*, Pinel de Golleville, Boué, à peine on osait penser tout haut. Et voilà que cette année les plus jeunes se lèvent et parlent avec inspiration. Eugène Moret et Valette se révèlent magnétistes et orateurs; le jeune Nolet monte sur une chaise, et rappelle Jésus dans le temple.

Si je parlais des idées qui ont été émises cette année au Banquet de Mesmer de M. Le Gallois et surtout au Banquet de la Pentecôte, je dirais qu'on a agité un peu toutes les idées. Et je préfère cela à certain Banquet magnétique où certain individu qui fait grand tapage, et parle à lui seul pour tous, récite le même discours depuis vingt ans et toujours avec le même succès... succès d'ennui profond.

M. Du Potet, homme honorable, et dont les travaux feront école, est fatigué en ce moment, non par le poids des années, il est de ces illuminés qui ne doivent pas vieillir, mais par ses luttes avec quelques mauvais esprits qui l'entourent. Le magnétisme, science sublime pour les belles natures, n'est pour les sots pleins d'eux-mêmes qu'un moyen de tromper les faibles. Qu'ils soient bafoués, ces lâches qui ne cherchent dans la plus magnifique des sciences que des effets honteux.

On a regretté de ne pas voir M. Du Potet au Banquet de la Pentecôte; mais il y viendra, car il appartient à l'avenir. Là, on n'a pas, comme ceux qui tiennent à cacher leur âme, récité des mots, des mots et puis des mots avec rien dedans. On a parlé d'inspiration, et quelques-uns qui ne s'y attendaient pas se sont trouvés éclairés d'une lumière inconnue. Le fluide, cette intelligence latente, renferme en effet toutes les idées, et parler magnétisme, c'est parler de tout.

M. Eugène Moret a cherché quelle définition on pouvait faire de Dieu. C'est la pierre d'achoppement des philosophes. Dieu, Jésus-Christ, le plus grand de tous, ne l'a jamais défini, tout simplement parce que Dieu est l'indéfini. Si je cherchais à mettre des limites à ce qui ne se limite pas, je dirai : Dieu est le moi de l'infini. Mais cette définition ne me satisfait pas, car je laisse de côté la matière, et tout est en Dieu. Eugène Moret a dit sur Dieu tout ce que pouvait dire un homme.

Un sujet qui touche de près à Dieu, l'âme, a été traité

par le jeune Paul Nolet avec une lucidité au-dessus de tout éloge. Un des convives avait demandé : Que devient l'âme chez le dormeur, chez l'idiot, etc.? Nolet, en style très-littéraire, a expliqué que si l'âme ne se manifeste pas dans toute sa limpidité, elle n'est pas pour cela atteinte dans son essence. C'est la faute des organes, agents qui mettent l'âme en communication avec le monde extérieur qui, fonctionnant mal, causent les idiots et les fous, ou ne fonctionnant pas, causent la léthargie ou la mort.

Les toasts de MM. Bic et Boué ont proclamé la prééminence de la femme sur l'homme. On ne peut nier, en effet, que la femme, plus nerveuse que l'homme, ne soit plus portée aux choses intellectuelles, mais nous ne demandons pas pour cela l'abaissement de la race masculine. Si les hommes s'abaissaient, les femmes se hâteraient de les relever.

M. Maurice Valette, un peu sensualiste par tempérament, a écrit de très-beaux vers qui, au dessert, ont été admirablement récités par Mme Abel, somnambule et artiste de grand talent. Pour le dessert aussi, on a gardé Mme Jobey de Ligny, cette femme dont la statuaire est d'une déesse et le langage celui des immortels, Mme de Ligny qui, par sa sévère beauté, rappelle Mlle Georges à son beau temps, parle en excellents vers aussi facilement que d'autres parleraient en mauvaise prose.

Les autres dames qui ont mêlé leur voix à cette harmonie sont Mmes Berthe Pothier et Abel, somnambules de M. Fauvelle Le Gallois, Mmes Valette, Le Breton, Bic et Le Bel, et plusieurs dames étrangères, dont une, Mme Kretger, qui parle dix langues.

Auguste Le Gallois a semé des violettes et des pensées d'un bout à l'autre de la table, ainsi qu'aux quatre extrémités de la salle comme s'il eût indiqué les quatre points cardinaux ; il en a semé devant les couverts sans convives en disant : — Pour les absents, qui du reste bientôt ont été présents. Touchantes paroles qui veulent qu'à ce Banquet on assiste tous de cœur et d'esprit, de près ou de loin, même ceux qui ne sont pas venus ou qui sont égarés.

Je me suis levée, moi aussi, sans embarras, et j'ai parlé comme si une force intérieure m'y obligeait. Pour la fidélité de ce compte rendu, je vais rapporter quelques idées que j'ai pu avoir alors.

Les hommes cherchent depuis toujours le secret de l'égalité. Les communistes ont cru trouver l'égalité dans le partage des biens. Mais quand même les parts seraient égales, il y aurait toujours les différences individuelles : les petits, les grands, les forts, les faibles, les malades, les bien portants. Le secret de l'égalité ne serait-il pas dans le magnétisme, dans cette vie qu'on se passe les uns aux autres? Cette vie des forts qui réconforte les faibles, cette santé des bien portants qui s'infiltre dans les malades, cet éclat des lucides qui dissipe les ténèbres des âmes mal servies par leurs organes, le magnétisme enfin, voilà le mot que cherchent les hommes.

Mettre en commun les douleurs et les joies, les forces et les idées, c'est le dernier mot du progrès, c'est le but suprême de ce monde.

Adèle Esquiros.

PENTECOTE (15ᵉ anniversaire)

L'air était pur, le blond Phœbus (le soleil) rayonnait dans les cieux, une légère brise agitait les feuilles, enfin le temps était tout à fait propice.

Une table longue ornée de fleurs et d'appétissants hors-d'œuvre, était dressée dans une des salles de Catelain, restaurateur, galerie Montpensier ; une nappe et des serviettes d'une blancheur éblouissantes, attiraient tout d'abord le regard; on comprenait que le maître de cet établissement avait voulu se mettre à la hauteur des convives qu'il attendait, venant pour célébrer la Pentecôte.

Et, disons-le de suite, le repas a été parfaitement servi, abondamment, des mets de choix, et les garçons d'une politesse exquise, chose assez rare, aujourd'hui ; aussi je félicite M. Catelain, et j'engage ceux qui aiment à bien manger, et manger convenablement, à se diriger vers le Palais-Royal.

Maintenant, quant au Banquet dont le fondateur est M. Fauvelle Le Gallois, il a été délicieux; on dirait que depuis l'avénement du premier Banquet (il y a quinze ans), ils ont toujours progressé; c'est absolument l'oiseau ayant ramage et plumage, les femmes étaient charmantes et les hommes distingués.

Comme au conte de *la Belle et la Bête*, le galant amphitryon du Banquet était allé cueillir des roses dans un jardin enchanté pour les offrir aux dames qui s'en sont parées, en le remerciant.

Puis, le moment venu de parler, M. Le Gallois a répété que malgré maintes traverses dans sa vie dévouée à l'humanité, il n'avait jamais manqué à accomplir cette fête, trouvant en son âme l'écho et le reflet des sentiments et de l'illumination des apôtres en ce grand jour. Si chacun, ainsi que lui, avait apporté sa pierre pour l'édification d'un temple où l'on ferait silence, sa voix pour proclamer le vrai spiritualisme, le spiritualisme humanitaire, le monde serait meilleur, plus croyant, il y aurait moins de malades de corps et d'âme, et les méchants et les sots seraient moins nombreux.

Honneur donc à M. Le Gallois qui rivalisa de courage, qui est resté dans l'arène un lutteur de toutes les forces que Dieu lui envoie et que les méchants n'ont pu terrasser; honneur à lui qui pour rassembler et conserver des faits précieux, a fondé le journal intitulé *Magnétiseur universel*. Ses colonnes s'ouvrent aux croyants, aux hommes de cœur, à ceux qui ont à raconter et laisser des jalons et des souvenirs pour la postérité.

M. Boué a improvisé quelques paroles bien senties, révélant l'intelligence, le savoir et la croyance.

M. Bic a dit quelques fragments d'une comédie en vers, qui font regretter de ne pas connaître la pièce en entier. Mais on peut lui prédire succès complet.

Mme Jobey de Ligny a lu une pièce de vers de sa composition, *Ode pour la Pentecôte,* qui lui a valu des applaudissements et témoignages de sympathie.

M. E. Moret, un auteur de talent, a improvisé quelque chose, et avec un grand esprit, il a voulu prouver qu'il n'y avait pas de Dieu, puisqu'on ne pouvait le définir, que l'âme n'existait pas, puisqu'on ne la voyait pas, et que tout était dit, alors que quelques couches de terre recouvraient le corps.

M. Moret, vous avez voulu faire l'esprit fort, vous auriez dû vous contenter de celui que vous a départi dame nature; j'ai vu, moi, qui m'y connais, transparaître votre àme, alors que vous la niiez, elle rayonnait, quand même, sur votre visage, et vous la sentiez qui vous disait : « Aie le courage d'avouer, puisque je suis ton fluide et ton inspirateur. » Vous et le public qui vous lit et vous écoute, nous y gagnerons tous.

Et cette charmante et toute spirituelle chanson de M. Maurice Valette, certes ce serait dommage de l'oublier.

La main ! La main morte, la main chaude, toutes les légendes qui vont de souvenirs en souvenirs, pour en arriver à la main du magnétiseur, instrument dirigé par son àme pour faire le bien, et adressée à M. Fauvelle Le Gallois, son ami.

C'est l'esprit fin et multiple de M. Maurice Valette qui a conduit sa main alors qu'il a écrit cette délicieuse bluette; chacun aurait bien ouvert sa main pour la lui dérober, mais, pour ma part, je serais bien charmé de pouvoir me la redire pour désassombrir mes heures de tristesses.

LA MAIN
—

Air des *Comédiens.*

La main, Messieurs! Le fou sur ma parole,
Peut seul nier son pouvoir souverain.
A vous, enfants de fluidique école,
De célébrer les exploits de la main!

De la vertu n'est-elle pas l'égide ?
Voyez plutôt ce que gagne Lubin
A lutiner fillette trop timide
Et trop farouche ! — Un beau revers de main !

Briguant l'honneur de défendre la France,
Au fond d'un sac le conscrit met la main;
Mais, par malheur, plus d'un roi de finance
Dans nos goussets la met aussi sans fin !...

Main de justice aide à punir la fraude
Quand on nous fait pour ça lever la main.
Nous maintiendrons à l'enfant sa main chaude;
Que l'Espagnol garde son baise-main !

Que la main-morte, enfin, demeure au diable,
Quatre-vingt-neuf a réglé son destin.

Le travailleur a seul droit à la table,
Beaux capucins, nous y tiendrons la main !

Passons la main, mes fils, au magnétisme
Qui s'en servit pour faire son chemin ;
Malgré les cris du niais spiritisme,
Il régnera, comme on dit, haut la main ;

Et sous la loi des amours fraternelles
Dont il entend doter le genre humain,
Libres de fers, de jougs et de querelles,
Les nations se donneront la main !

La main, Messieurs ! Le fou, sur ma parole,
Peut seul nier son pouvoir souverain.
A vous, enfants de la fluidique école,
De célébrer les exploits de la main !

Puis le jeune M. Paul Nolet, montant sur une chaise pour mieux embrasser la foule, a parlé assez longtemps d'une manière toute inspirée, pour prouver l'immortalité de l'âme, un feu divin rayonnait en lui, il était ému, emporté par la grandeur de son sujet ; c'est à coup sûr une âme d'élite, lui qui la peint si bien, et si nous étions à Athènes, il deviendrait un grand orateur. Ce jeune homme révèle beaucoup d'avenir, l'esprit et l'âme le saisissent, le conduisent et sa lèvre est encore imberbe ; je lui offre toutes mes sympathies pour les sentiments qu'il nous a exprimés.

Puis, les conversations se sont croisées, étincelles jaillissantes de cailloux en contact ; puis, on a beaucoup ri, beaucoup bu, la fête a été charmante, et parfaitement présidée et ordonnée par M. Le Gallois ; on s'est donné chaleureusement la main, se disant à l'année prochaine, on a espéré convertir quelques incrédules, ramener dans la vraie voie ceux qui se fourvoient aux mensonges chatoyants des fausses lumières des *esprits ;* heureux, contents, ravis même, on s'est séparé, pénétrés de mille parfums ambiants, allant au cerveau et à l'âme, emportant une moisson de précieux et charmants souvenirs ; pour ma part, je n'ai pu résister au plaisir d'embrasser mon ami Fauvelle Le Gallois, en le félicitant, le remerciant et lui offrant mes meilleurs souhaits, pour que Dieu le soutienne, lui qui accomplit une mission aussi sainte que dévouée.

Puis j'ai souhaité aux dames de conserver leurs divins attraits et d'être toujours les compagnes bénies des hommes de cœur, travaillant au bonheur, à la résurrection de l'humanité; les femmes peuvent contribuer beaucoup à faire le bien : elles ont l'intelligence d'abord, puis le cœur noble et sympathique, et peuvent aller de pair avec les intelligences masculines et dépasser peut-être leur dévouement; en étant bonnes, vous resterez belles et charmantes filles d'Ève.   ROBERT DES AULNES.

ODE POUR LE JOUR DE LA PENTECOTE 1868

A M. Fauvelle Le Gallois.

Nous nous rassemblons tous depuis bientôt vingt ans
Pour célébrer ce jour éclos dans le printemps.

Nous avons vu briller sa lumineuse aurore
Avec joie, et déjà les rayons du soleil
Atteignent le zénith, la nature se dore
   Et prend un aspect tout vermeil.

Ce céleste mystère a consolé nos âmes,
A chassé la tempête et calmé le reflux.
Nous voyons dans l'éther l'auréole des flammes
   Venant éclairer les élus!

Jésus était parti pour les divins royaumes,
Il avait accompli sa grande mission,
Il avait enseigné le bien parmi les hommes,
   La foi, la résignation!

L'amour, la charité, loi sublime et suprême
Qui vous trouve toujours tout prêt à secourir
L'affligé, le souffrant, ce frère que l'on aime,
   Qu'on veut empêcher de mourir.

Il était humble et pauvre, et né dans une crèche
Ce Jésus tout brillant et qui nous apparut ;
On buvait son savoir comme une eau vive et fraîche.
  Hélas ! jeune encor, il mourut !

Il mourut pour revivre au cœur de ses apôtres,
Leur ayant indiqué cette adorable loi :
« Aimez-vous, aimez-vous toujours les uns les autres.
  « Tout est dans l'amour et la foi.

« L'esprit saint ouvrira vos yeux et vos oreilles,
« Il vous révélera les mystères cachés,
« Et vous accomplirez en mon nom des merveilles,
  « Secrets, longtemps, en vain cherchés.

« Puis vous raconterez, allant de par le monde,
« Que des flammes d'en haut vous ont illuminé,
« Dans l'Afrique brunie et la Suède blonde
  Chacun va vous croire étonné.

« L'Orient, l'Occident vous ouvriront leurs routes.
« Un bâton pour appui dans les rudes chemins,
« Vous saurez convertir et l'athée et ses doutes,
  « Guérissez, imposant les mains. »

Suivons, suivons toujours ce lumineux exemple,
Partout faisons le bien, mes frères, mes amis.
Le Seigneur, de son ciel, nous bénit et contemple,
  Nos pieds poudreux, nos fronts blêmis.

Tes fêtes d'autrefois, somptueuses merveilles
Étonnaient l'Orient, sainte Jérusalem ;
Tes prêtres chamarrés, tes pompes sans pareilles
  Pour ce grand roi de Bethléem

Ont laissé parmi nous et les pieux oracles
Des apôtres voyants le puissant souvenir,
De Jésus la parole et les divins miracles
  Se projetant dans l'avenir.

De croyance et d'amour notre âme est inondée,
L'esprit saint comme un baume est entré dans nos cœurs,
Aux élus d'aujourd'hui la grâce est accordée ;
    Du mal ils seront les vainqueurs.

Honneur à notre ami qui célèbre les fêtes
Dont les rites divins lui furent révélés.
Il fait appel à tous, magnétiseurs, prophètes,
    Les heureux ou les exilés.

Sa voix aux accents forts montera dans les sphères
Du Seigneur dont il est et l'oint et le béni.
Les échos vibreront jusqu'aux deux hémisphères,
    Retournant au monde infini !

Venez, venez à lui, lui dont l'âme est fleurie.
Les verdoyants rameaux ont rendu la santé ;
La foi nous réunit, il n'est plus de patrie,
    Sa devise est : humanité !

Buvons à cet ami travailleur charitable.
Imitons-le, suivons ses précieuses lois,
Vous tous ressuscités par son cœur adorable,
    Buvez, buvez à Le Gallois.

A MADAME FLEURQUIN

Buvons au souvenir, à ta chère mémoire,
A la Pythie allée aux bleus cercles du ciel.
Elle répand, sur nous, en ce grand jour de gloire,
    L'urne au céleste miel.

Nous nous rassemblons tous depuis bientôt vingt ans
Pour célébrer ce jour qui rayonne au printemps.

                  C. JOBEY DE LIGNY.

Le Gérant : FAUVELLE LE GALLOIS.

Paris — Imp. Emile Voitelain et C.; rue J.-J.-Rousseau, 15.

www.ingramcontent.com/pod-product-compliance
Lightning Source LLC
Chambersburg PA
CBHW060459210326
41520CB00015B/4013